Patch work

Lesson 2

進階者必讀

齊藤謠子の不藏私拼布課

13堂進階技巧圖解教學一次公開

Contents

Lesson **1** Sylvia's Bow Tie
希薇亞蝶形領結手提包 ·· 5

Lesson **2** Bat's wings
蝙蝠之翼化妝包 ·· 13

Lesson **3** Ice Cream Cone
冰淇淋甜筒背包 ·· 19

Lesson **4** Broken Plate
碎盤之袋 ·· 25

Lesson **5** Crazy
瘋狂拼布束口化妝包 ·· 32

Lesson **6** Woven Pattern
提籃編織包 ·· 37

Lesson **7** Stormy Sea
海洋風暴旅行袋 ·· 43

Lesson 8 Dog Applique

愛犬波士頓包 ··· 49

Lesson 9 Acorn

橡實抱枕 ··· 55

Lesson 10 House

房形小物收納盒 ·· 59

Lesson 11 Rolling Stones

滾石壁飾 ··· 67

Lesson 12 Basket

提籃壁飾 ··· 72

Lesson 13 Pine Burr

松針床罩 ··· 77

常備便利工具　83

拼布預備基礎技巧　84

每天忙於授課，備課之餘又要創作此書的作品，總有種被追的快喘不過氣的感覺。但是，我從不以為苦。因為當創作靈感湧現，並且化為成品時的成就感，正是一直以來拼布帶給我的無可比擬的快樂。

　　從發源的西部拓荒時代開始，拼布的創作多為大型的床單，設計也多為幾何花樣；經過長時間的發展，拼布創作至今已然延伸到包包、靠枕等更多實用物品上。本書將延續「齊藤謠子不藏私拼布入門課」的形式，以照片詳實地一個步驟、一個步驟地對照解說，並且增加了進階班的技巧和小物作品的示範；當然，不只是詳實的拼布技法，也蒐錄了各種小物的製作方式，一定讓你從此對手作小物充滿信心！現在，讓我們由小至大，開始進行充滿樂趣的拼布創作吧！

齊藤謠子

Sylvia's Bow Tie

希薇亞蝶形領結手提包

MATERIALS

表布
- 前片　印花、格子、條紋零碼布（布塊）各適量
- 後片　格子布 35×30cm
- 側身　格子滾邊布 7×90cm

袋口布　條紋 15×30cm

包邊用滾邊布　格子布 3.5×170cm

裡布（含側身布）　印花布 50×90cm

鋪棉　50×90cm

布襯　2.5×24cm×2片

金屬提把　1組

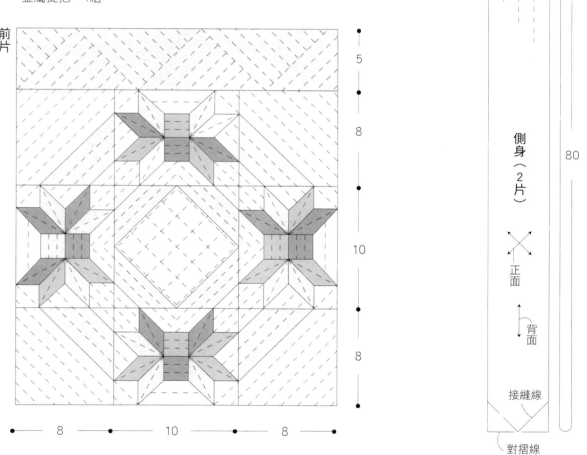

袋口布（2片）
對摺線
6
2.5（布襯貼在記號線內）
24
0.7
縫份

5

側身（2片）
80
正面
背面
接縫線
對摺線

前片

5
8
10
8

8　10　8

CHECKPOINTS

分別縫製前片、後片，與側身，最後將布片組合完成。在固定金屬提把時，將布料捲包下方提把處，以車縫的方式使提把和布料能更緊密拼縫（接合提把時，請將壓布腳更換為拉鍊壓布腳）。

1

圖為一個希薇亞蝶形領
結圖案所需的布片，裁
片皆已含0.7cm的縫份。
接縫時縫份均為0.7cm。

2

拼縫圖案時先拼縫菱形
布片。縫份摺入0.1cm
（參考P.85），並倒向深
色布片一側。

3

首先，自記號點外0.5cm
處開始回一針後繼續運
針，縫至另一側的記號
處為止點，記號處外
0.5cm回一針後打結止
縫。依相同方法將布片
拼縫。

4

拼縫菱形裁片後，接著
拼縫四角布片。縫份如
同步驟2，摺入0.1cm，
倒向褶痕方向後再倒向
菱形布片一側。

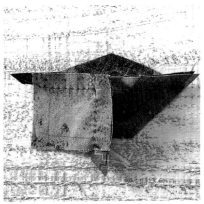

5

同步驟3作法，自布端開
始縫至記號點，回一針
後勿剪斷縫線，繼續運
針進行拼縫。

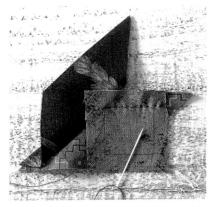

6

將已經拼縫四角布片的
一側與另一片菱形布片
的一側正面相對疊合，
以珠針固定，回一針後
繼續拼縫。結束時自記
號處外0.5cm處回一針後
止縫。

7

將已接合的兩組布片與正中央的四角形組合。為了強調領結連結線的效果，縫份倒向四角形布片，以增加中間部分的高度。

11

從記號點縫到記號點，拼縫上下排基底，再分別左右接合三角形布片。

8

拼縫上片梯形布片和步驟7的布片，從布端縫至記號點，再從記號點縫至布端，便完成上半部希薇亞蝶型領結的基底形狀。

12

以步驟8相同方法，三角形布片也自布端縫至記號點，再從記號點縫至布端。在始縫及止縫時別忘記進行回針縫。

13

三角形布片拼縫完成。如此便完成一個希薇亞蝶型領結圖案。為強調領結的設計，建議以深色領結搭配淺色底布。

9

重覆步驟5、6的方法，在夾角處進行回針縫後止縫，再與下一裁片疊合，以珠針重新固定後再縫至下一個夾角。

10

以相同方法拼縫下一排布片，就完成另一半希薇亞蝶型領結的基底形狀。

14

以同步驟5、6的方法拼縫三角形布片，縫份倒向中心一側，再以相同方法縫製三片圖案相同的布片。

15

如圖所示，第一排及第三排希薇亞蝶形領結圖案橫向放置在第一排排面中間，第二排圖案縱向（圖案為上下直立）排放於兩側。縫份倒向一側，使拼縫的圖案高於底布。

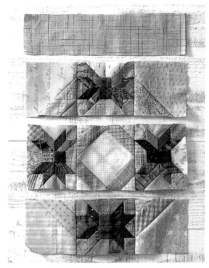

16

包包前片圖案組合完成圖。

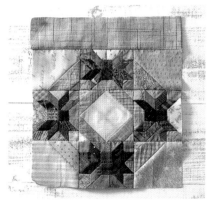

17

包包前片裡側。拼縫每排圖案的縫份，如圖所示，縫份皆倒向一側。

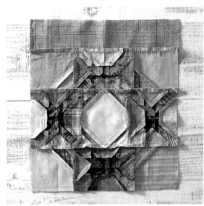

Parts

包包所需表布。自左開始為包包前片、側身、後片。上方為金屬提把。為突出格紋效果側身使用滾邊條式裁剪，也可使用素色布或印花布，建議縱向裁剪。

18

表布拼縫完成後在表面描畫出壓線記號。削尖2B鉛筆，在多功能拼布墊上放上布尺，描畫出壓線記號。在墊板上繪製可防止布料滑動，較易於準確畫出壓線條。

如遇深色布料時，難以分辨處可使用白色記號筆描畫。

19

表布描畫完壓線線條後進行疏縫（參考P.86）。依裡布、鋪棉、表布之順序疊合後以大頭針固定，自中心向外側呈放射狀疏縫。疏縫線取一股線打結。主體因被大頭針固定，疏縫針不易拉出，此時可以湯匙底部壓住布料，針尖靠著湯匙邊緣，疏縫針會較容易拔出。（建議使用嬰兒奶粉計量湯匙，比較柔軟且易於彎曲。）

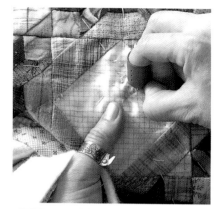

22

以左手撐住拼布塊，並以左手食指的頂針傾斜頂出布塊，把針垂直刺在頂針上。接著將針以平行方向傾斜，挑3、4針後出針。始縫時先打結，從外側2cm處入針，自始縫點後一針處出針，將結個拉入拼布作品中，回兩針後再開始縫（參考P.86）。

23

完成壓線圖。側身縱向壓線三條，後片則為提籃圖案壓線。壓線的針目盡量細小，以1cm3個針目為基準進行壓線。熟練後，挑針數可一次增加至5、6針。

20

疏縫時，運針方向由從中心處向自己前方行進，較易於操作，因此一邊轉動疏縫墊板一邊疏縫。完成後打結或回一針，留下長線尾。完成放射狀疏縫後，表布周圍也要進行一圈疏縫。

21

疏縫完成後進行壓線。通常會使用壓線框繃開，若是無法使用壓線框繃開的小作品則可使用文鎮。以文鎮壓住拼布作品的一角，一邊張開作品一邊壓線。在桌子邊緣將作品彷彿離開桌面般地一邊移動一邊壓線，操作起來會更輕鬆。

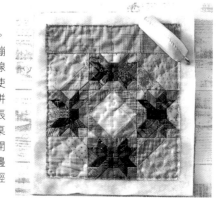

24

縫製捲包提把的袋口布。單側背面貼布襯，對摺線的部分朝上，正面相對疊合，車縫兩側側邊。

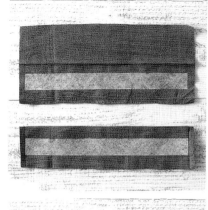

25

袋口布翻回正面，兩側側邊車縫壓線。隨後對摺袋口布，將提把捲起來於緊貼提把處再車縫固定。金屬提把容易滑動，要先進行疏縫，再以拉鍊壓布腳車縫，會比較容易操作。

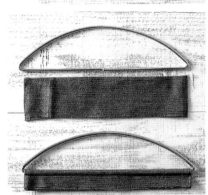

26

也以相同方法縫製另一側的提把，分別車縫固定在前片及後片的完成位置上。車縫時可在步驟25中貼靠提把邊緣處重疊車縫。側身的兩側可使用袋口布及共用布料的滾邊布（參考P.87）包邊（參考P.22、P.23）。

27

上端摺出完成後圖，提把向上放置。表布留0.7cm縫份後裁剪，蓋住袋口布，摺疊布邊端，表布內側進行藏針縫。

28

前片及側身背面相對疊合後疏縫，再進行車縫，留下1cm縫份後裁剪。

29

包包背面。側身縫份圓弧狀緊縮部分剪牙口。

30

以相同的方法製作後片，前片及側身背面相對疊合後疏縫，再與側身拼縫。

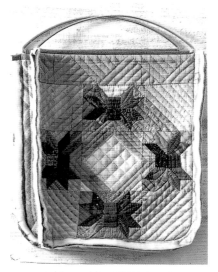

完成圖。包包前片。

31

包包後片。

包包後片。

32

縫份以滾邊布條進行包邊。滾邊布的縫份線與前片布邊完成車縫線正面相對疊合，以珠針固定並車縫。縫份車縫線為0.7cm後再以滾邊布包邊，其餘蓋住側身一側的車縫線後進行藏針縫。布端起始處以滾邊布包邊（參考P.18），後片縫份也相同方法進行包邊處理。

包包內裡。

Finish

Bat's Wings

蝙蝠之翼化妝包

MATERIALS

表布
┌ 前片　印花、格子、條紋零碼布各適量
└ 後片　格子布 16×25cm
　包邊用滾邊布（斜紋布）
┌ 格子布　3.5×110cm
└ 印花布　3.5×25cm
　裝飾拉鍊用滾邊布（斜紋布）　2.5×3.5cm
　裡布（含內袋用布）　格子布 25×80cm
　鋪棉　25×80cm
　拉鍊　20cm×2條
　蠟線　9cm×2條
　木珠　2個

原寸紙型

（5片）

原寸紙型

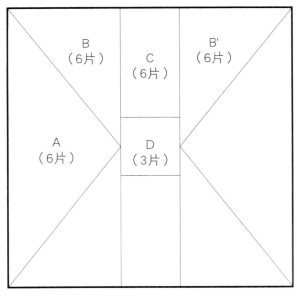

前片

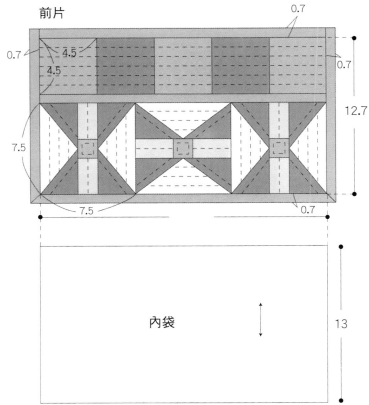

0.7
0.7　4.5
4.5
0.7
12.7
7.5
7.5　0.7

內袋

13

CHECKPOINTS
表側分為上、下兩部分，壓線後以拉鍊連接組合。在裡布加裝擋布，作為口袋。

1

圖為蝙蝠之翼圖案所需
布片。縫份為0.7cm。

2

拼縫三片三角形及正中
央的四角形組，再拼縫
完成三列布片。

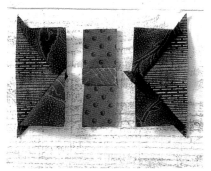

5

縫份分別倒向中心，以
墊高中心四角組合。

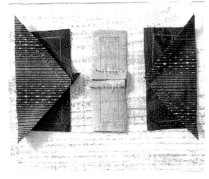

3

背面圖。此圖案不是嵌
入式組合，因此從記號
點外0.5cm處開始縫，縫
至記號點外0.5cm處。開
始及結束拼縫時請記得
進行回針縫。縫份向中
心一側摺0.1cm，倒向褶
痕（參考P.85）後倒向一
側。

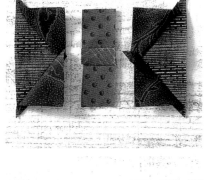

6

化妝包前片所需的表
布。正中央圖案橫向放
置，使組合圖案更生
動。

4

拼縫三列布片，完成蝙
蝠之翼圖案。

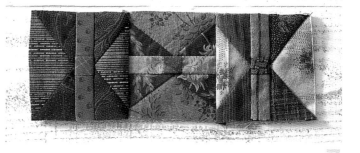

7

拼縫三片圖案，組合成一排。

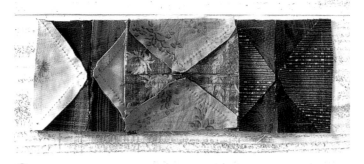

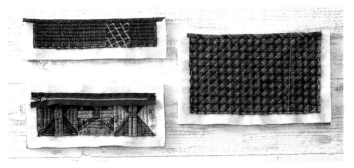

8

縫份倒向外側，墊高兩側。

9

完成前片所需的上段表布。上方四角形布片的縫份均倒向右側。

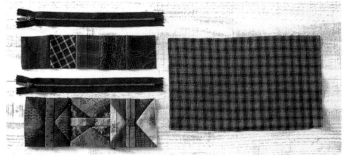

Parts

化妝包所需的表布。使用兩條拉鍊，縫於上方的開口及口袋袋口。右側布片為後片的表布。

10

前片表布、鋪棉及裡布疊合後進行壓線（參考P.10、P.86）。

11

前片的口袋袋口上緣及後片的上緣，以滾邊布包邊（參考P.17、P.18）。前片的下段表布與拉鍊正面相對疊合，車縫固定。

12

將多餘的縫份剪至能遮蓋拉鍊的寬度，攤平拉鍊蓋住縫份，在裡布進行藏針縫。

13

與前片上段表布包邊一側疊合，大約能蓋住拉鍊處珠針固定。

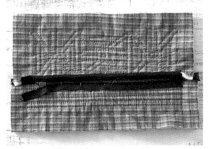

14

翻到背面，距拉鍊齒0.6cm處以回針縫固定，注意針目勿露出表布。

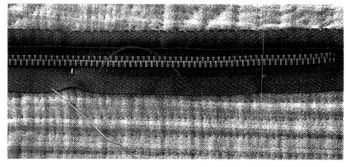

19

前片及後片背面相對疊合，邊緣處以滾邊布包邊。此處化妝包的組合，使用縫紉機車縫可緊密固定。邊角處的邊框組合需一邊一邊的拼縫。因布質變厚，容易滑動，因此在完成線的邊際處疏縫後再車縫。車縫開始及結束時務必回針。將拉鍊口稍微拉開，較易於車縫。

15

將作為中袋的裡布放置於底層，前片上段表布的上緣以滾邊布包邊（參考P.22、P.23）。

16

背面圖。中袋僅有上緣一端固定的狀態。

17

隨後安裝袋口拉鍊。將已滾邊的前片上緣及後片上緣相對接，蓋住其下的拉鍊後，以珠針固定至下層。

18

翻到反面，方法如步驟14，以回針縫固定拉鍊。

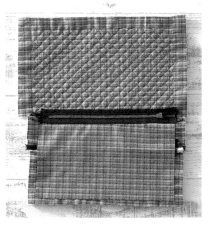

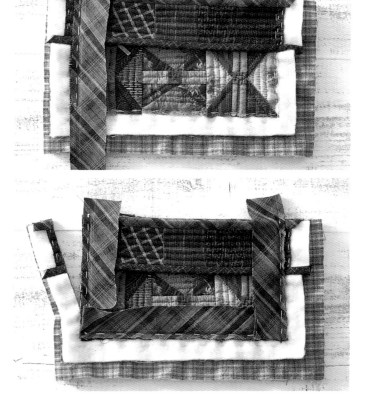

20

先完成滾邊布縫的一邊至邊角的拼縫後，回針並剪線，再將滾邊布與下一條邊正面相對疊合至下個邊角處，疏縫固定，從布端車縫至記號點。相同方法車縫剩餘一邊。將多餘的縫份修剪成0.7cm，以滾邊布捲包後藏針縫。邊角的內外側均整理摺疊為三角形狀。

21

布邊的包邊處理
布邊以剩餘的滾邊布捲
包後進行包邊處理。

22

將縫份捲包布邊上緣，
並盡量遮住車縫線。

24

化妝包完成！最後以鉗
子取下拉鍊頭，蠟線穿
上木珠，套入拉鍊頭作
為拉鍊裝飾。

23

隨後摺疊縫份至完成線
處並蓋住車縫線，以錐
子將內摺的縫份塞入包
覆上緣的縫份下。

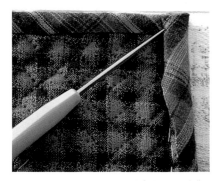

背面圖。

Finish

Lesson 3

Ice Cream Cone

冰淇淋甜筒背包

MATERIALS

表布
前片　印花布、格子、條紋布零碼布各適量
後片　格子布 30×40cm
袋蓋　格子滾邊布 15×25cm
袋底　格子滾邊布 30×40cm
後片布　格子布 7×28cm
提耳布
格子布　3×23cm
格子的滾邊布　3×23cm
袋蓋用滾邊布　3.5×50cm
袋口布用滾邊布　3.5×70cm
裡布　印花布 60×110cm
鋪棉　60×110cm
厚布襯　7×28cm
鈕釦　直徑 2.5cm，2個；直徑 2cm，1個；直徑 1.8cm，2個
壓釦　直徑1cm，2組
背包用皮帶　1條

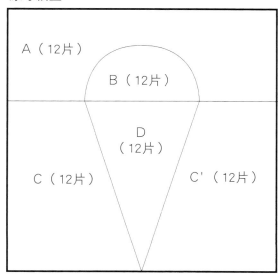

提耳布（2片）

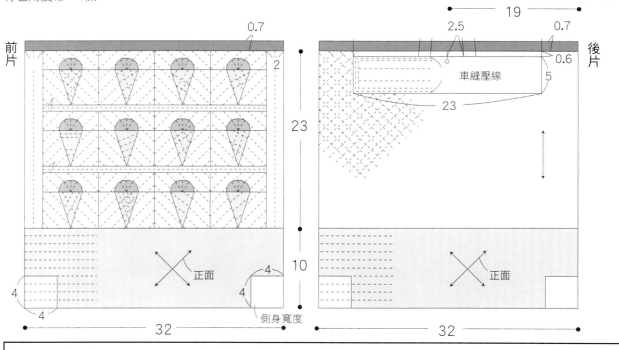

CHECKPOINTS

在抓底縫製側身的包包上，加裝袋蓋，變身為背包。為鞏固皮帶的強度，安裝袋後側的皮帶時，可縫上貼有厚布襯的布片補強。

圖為冰淇淋甜筒圖案所需布片。上方的半圓布片以貼布縫縫製，布的表面需畫出半圓記號。貼縫半圓的縫份為0.3cm，其他部分外加0.7cm縫份。

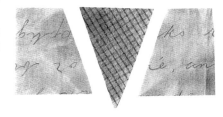

5

拼縫上下段的布片，完成冰淇淋甜筒圖案。以相同方法縫製12片圖案。

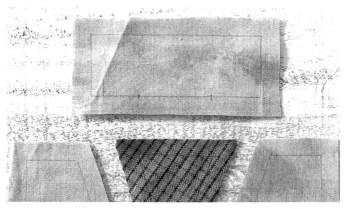

2

進行貼布縫的背面也需預先畫出半圓記號。

3

將半圓形布片的縫份一邊向內摺至完成線，一邊進行貼布縫（參考P.57）。下方的三片布片從記號點外0.5cm處開始縫，縫至記號點外0.5cm處。

4

背面圖。下方布片的縫份向中心摺入0.1cm，倒向褶痕（參考P.85）後倒向中心一側。

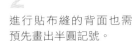

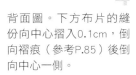

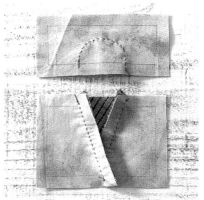

6

背面圖。縫份摺入0.1cm，倒向褶痕後向下側倒。

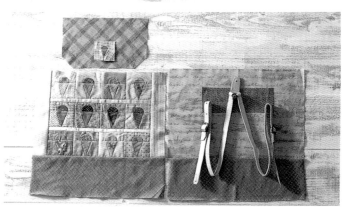

Parts

背包所需表布。左側為前片，右側為後片，左上為袋蓋。袋蓋上以貼布縫縫出迷你尺寸的冰淇淋甜筒圖案。為強調袋蓋表布的格紋效果，此處用布採取滾邊式裁剪。

7

拼縫冰淇淋甜筒圖案，其間以邊框布條結合。拼縫圖案的縫份依照第一列倒向右側，第二列倒向左側的規律相互交錯倒向一側，與邊框布條結合的縫份則倒向邊框布條以增高邊框。隨後依照兩側的邊條、底布的順序拼縫，縫份倒向外側。

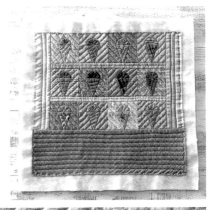

9

完成袋後片。拼縫一片印花布及袋底布，縫份倒向下側，表布、鋪棉及裡布疊合後壓線。

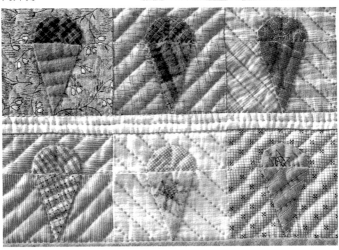

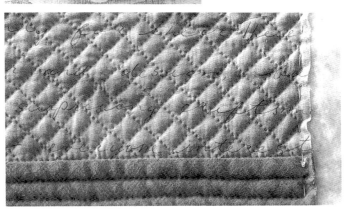

8

縫製袋蓋。表布、鋪棉及裡布疊合後壓線（參考P.10、P.86）。貼布縫的周圍以繡線隨意進行一圈平針縫，製造出樸實的效果。

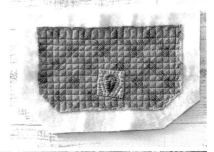

10

袋蓋以滾邊布進行包邊處理。先將布邊上緣至邊角的一條邊的表布與滾邊布正面相對疊合，以珠針固定。進行完全回針縫，縫至邊角處後暫時止縫。

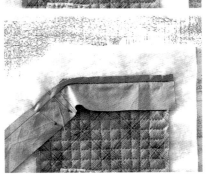

11

將滾邊布重新固定至下一個邊角的完成線處，接著以完全回針進行縫製至邊角。

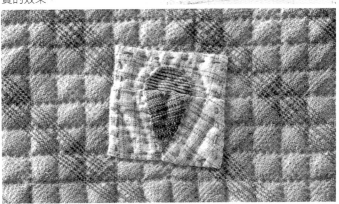

12

以相同方法縫過每個邊角。縫完後，將多餘的縫份修剪至0.7cm。

13

將滾邊布條翻回正面，整理邊角的形狀捲起縫份後向內摺。背面作法也與正面相同，整理邊角，內摺滾邊布使其蓋住縫線，以珠針固定，再以細針目沿著縫線邊緣進行藏針縫。

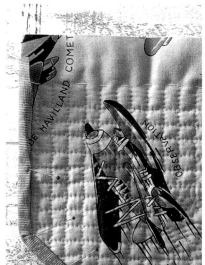

14

完成袋蓋、前片、後片。前片及後片的上緣與袋蓋作法處理（同P.18）相同，以滾邊布進行包邊。

15

縫製後片的擋布及提耳。提耳準備滾邊式裁剪布、直紋布及鋪棉等三片材料。鋪棉上放置正面相對疊合的表布及裡布，車縫兩側後翻回正面，兩側及正中央以車縫進行壓線。擋布的背面完成線內貼上厚布襯。

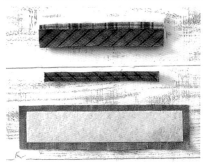

16

以熨斗將擋布摺熨至完成線，將袋蓋、提耳、擋布依序疊於後片表布上，再車縫固定。

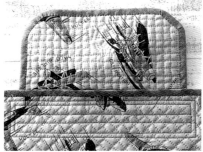

17

背面圖。

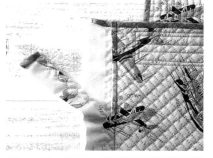

18

前片及後片正面相對疊合，周圍車縫。修剪多餘的縫份，以前片的一片裡布捲住縫份後進行包邊。先將後片的縫份修剪至0.7cm。

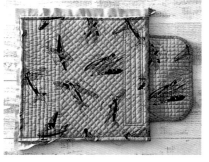

19

前片鋪棉及表布的縫份修剪至0.7cm，前尾裡布的縫份修剪至3cm。將前片的縫份捲包剩餘的縫份，於車縫線邊際處進行藏針縫。兩側邊角要進行抓底，因此留下不縫。

20

縫製兩邊角的側身（抓底）。縫份相互垂直疊合後疏縫，並車縫固定。

20

前片圖

21

將多餘的縫份修剪至0.7cm。於側身邊緣上放置寬3.5cm長12cm的滾邊布條，對準其下的車縫線位置，車縫固定滾邊布條。

21

後片圖。此處可以鈕釦固定市售的背包專用提把。

22

以滾邊布捲包縫份，製作方法與步驟19相同，袋底進行藏針縫。

23

完成背包。背面圖。

Finish

袋蓋上開兩個2.8cm的釦眼，袋前片縫兩顆直徑2.5cm的鈕釦。袋後片上縫一顆直徑2cm的鈕釦、袋底縫兩顆直徑1.8cm的鈕釦，以固定皮革提把。袋口兩側身上縫凹凸釦，可縮摺側身。

Lesson 4

Broken Plate

碎盤之袋

MATERIALS

表布
前片　印花、格子、條紋零碼布各適量
側身布　表側　格子滾邊布 15×20cm
提耳用滾邊布　格子滾邊布 5×7cm×4片
包邊用滾邊布
格子布　3.5×160cm
印花布　3.5×32cm
裡布（含側身內裡用布）印花布 50×110cm
鋪棉　40×110cm
厚布襯　15×20cm
薄布襯（提耳用）　3×5cm×4片
拉鍊　26cm×1條
塑膠提把　2個
塑膠珠子　2個

E（19片）

E
1.5

原寸紙型
A＝96片
B＝96片
C＝48片
D＝24片

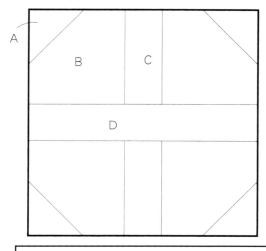

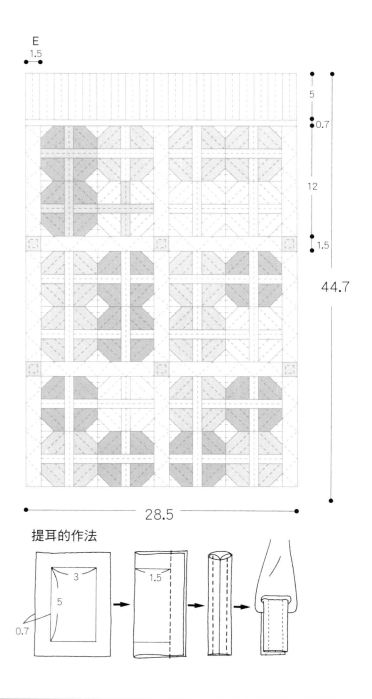

44.7

28.5

提耳的作法

3
1.5
5
0.7

CHECKPOINTS
分別縫製上、下兩部分，各自壓線後，以拉鍊連接組合。於裡布一側加裝墊布，作為口袋。

1

圖為碎盤圖案所需布片。外加0.7cm的縫份。

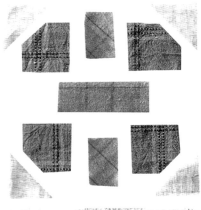

2

首先分別拼縫三角形及變形的五角形後，再與長方形布片拼縫，完成三排布片。縫份摺0.1cm倒向褶痕（參考P.85）後倒向內側。

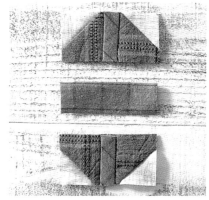

3

結合上排及下排的長方形布片，完成碎盤圖案。

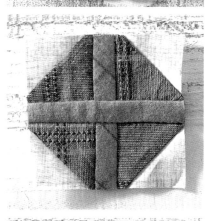

4

背面圖。縫份摺入0.1cm，倒向褶痕後倒向中心一側，以墊高長方形布片。

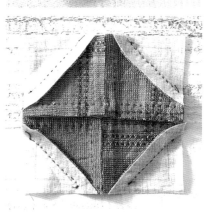

5

縫製24片碎盤圖案。再將每四片拼縫為一個圖案，共製作六個。

6

分別拼縫左右的圖案，再連接上下排。

7

背面圖。拼縫的縫份倒向一側，相互交錯。

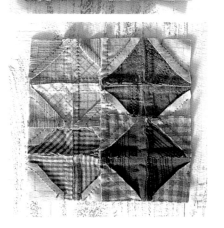

8

兩個拼縫的圖案區塊之間夾縫邊框布條，組合成一排布片。

9

與邊框布條組合圖。將縫份分別倒向一側，以墊高邊框布條。

10

背面圖。縫製兩排相同組合的布片。

11

前片所需的表布。最上排由19片長方形布片組合而成，縫份均倒向右側。三排圖案之間夾縫兩條由長方形布片組合而成的邊框布條。

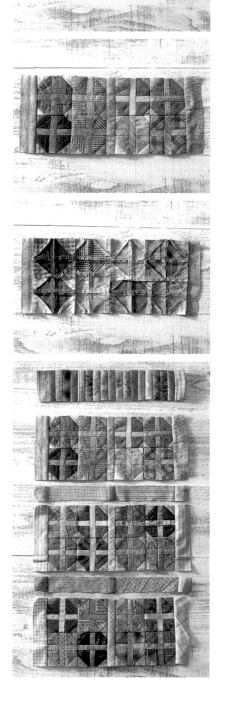

Parts

完成未拼縫邊框布條的表布。縫份倒向邊框布條一側。圖為袋物所需表布。左右側均有側身表布、塑膠提把及袋口拉鍊。

12

裡布疊上鋪棉及表布後進行壓線（參考P.10、P.86）。

13

縫製左右側的側身。準備表布、背面貼有厚布襯的裡布、鋪棉。

14

表布及裡布正面相對疊合，放置在鋪棉上，三片一併車縫。修剪縫線邊緣的鋪棉縫份。

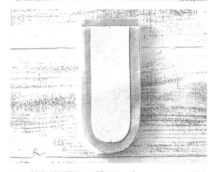

15

裡布翻回正面，整理形狀，將鋪棉置於中間，再於其上進行壓線，壓出1cm正方形格線。上緣布片也先進行壓線。

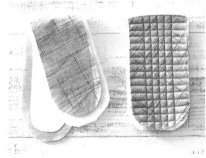

16

帶狀拼縫的上排布片邊緣以滾邊布進行包邊（參考P.22、P.23）。如Lesson2化妝包作法相同，安裝拉鍊（參考P.16），縫製口袋袋口。

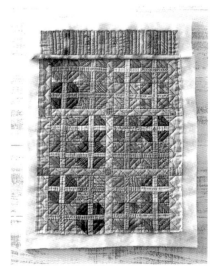

如何縮短拉鍊長度

拉鍊尺寸不合時非常麻煩，有一個相當簡單的方法可縮短拉鍊長度，非常方便唷！

1

在欲縮短處以鉛筆做上記號。使用頂切鉗，將多餘的拉鍊鍊齒拔下。

2

取下上止滑片，將開口稍微打開，以便之後嵌入。

3

將止滑片嵌入記號處，以鉗子壓緊固定。

4

完成囉！以相同方法縮短右側鍊齒，再將多餘的拉鍊邊剪掉。

17

背面圖。如圖所示，拉鍊下側的縫份以拉鍊邊捲包後進行藏針縫。

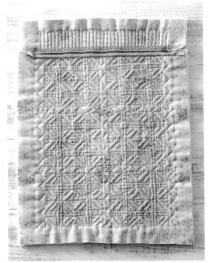

18

準備一片與裡布相同的布，背面相對。對摺線的部分重疊在口袋安裝處，挑縫裡布及鋪棉，針目勿露出表布。

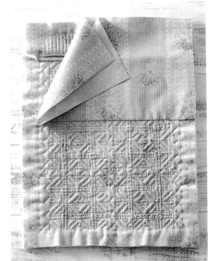

19

完成表布及側身布。

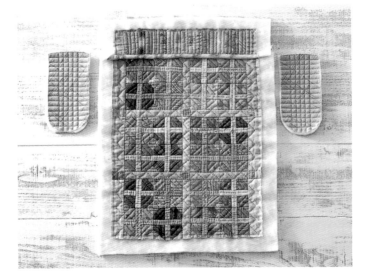

20

安裝兩側側身。側身與表布背面相對疊合後車縫固定。圓弧處難以車縫，布料變厚容易滑動，因此可預先疏縫固定。

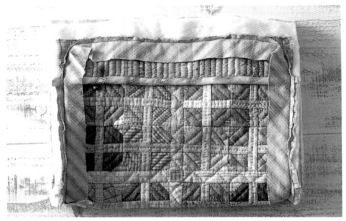

21

從袋口到側邊的縫份處，以滾邊布連續一圈包邊。與側身連接的部分則重疊於車縫線之上再次車縫（參考P.22、P.23）

22

縫製提耳。將布襯貼在背面的完成寬度處，正面相對疊合後車縫。翻回正面，兩端壓線。

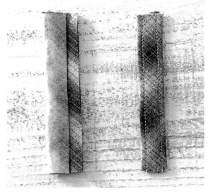

23

塑膠提把穿過提耳，疏縫固定提耳。

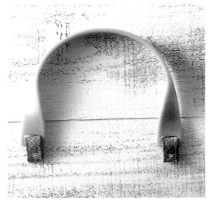

26

完成！

Finish

前片圖。將口袋袋口的拉鍊頭取下，換上珠子。

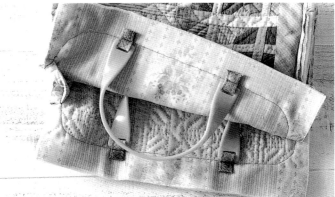

後片圖。

24

於背面固定提把。如圖所示將提把向下放置，重疊於滾邊布固定位置之上後進行車縫。裝上提把後，縫份修剪至0.7cm。

25

以滾邊布包捲縫份，摺至完成寬度，進行藏針縫（參考P.23）。

Lesson 5

Crazy

瘋狂拼布束口化妝包

MATERIALS

表布　印花、格子、條紋零碼布各適量
提把用布　格子布及格子滾邊布　5×32cm，各1片
口布用滾邊布　3.5×50cm
裡布　印花布 35×80cm
薄鋪棉　35×80cm
化纖棉　少許
木環　直徑6cm×1個
25號繡線

提把（2片）　正面　背面　3　30

CHECKPOINTS

由於要將此作品的袋子部分穿過木環，因此使用薄鋪棉製作。包邊縫份時，如留下過多縫份，袋身會加厚，所以請一律將縫份修剪至0.7cm。

1

縫製一個瘋狂拼布圖案。一般使用拼縫及貼布縫，但不局限於這兩種方法，也可自由嘗試其他方法。均外加0.7cm縫份。

Parts

完成表布所需的四片拼縫布塊。
下圖為背面圖。

2

上方為三片布片拼縫組合，摺入0.1cm後倒向褶痕（參考P.85），縫份倒向右側。連接左側扇形布片，縫份倒向上方，與半圓的布片拼縫，縫份倒向半圓一側。

3

將半圓的圖案放置於上，一邊內摺至完成線處，一邊進行貼布縫（參考P.57）。縫份處無需內摺，疏縫固定即可。與上方布片拼縫，縫份倒向下方。

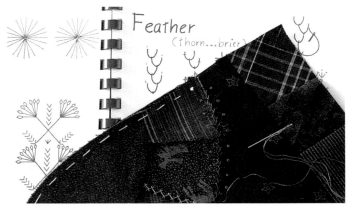

4

布片拼縫處以裝飾刺繡修飾。選擇自己喜好的刺繡圖案自由發揮吧！這裡使用25號（1股線）進行刺繡。

7

一片裡布的縫份留下3cm，其餘修剪至0.7cm。將3cm的縫份捲起，攤平縫份後進行藏針縫。（同P.23）

5

裡布、薄鋪棉、表布依序疊合後進行壓線。

6

每兩片正面相對疊合，將其中一邊從上端車縫至下端。

8

展開每兩片拼縫的布塊，正面相對疊合，兩側邊縫法如步驟6，從上端車縫至下端。

9

以步驟7之作法，一片縫份進行包邊處理。

10

為了避免縫份在邊角重疊時變厚，於步驟9進行藏針縫包邊時，一邊倒向相反方向，更易於操作。

11

化妝包翻回正面後，以滾邊布將袋口包邊（參考P.23）。拼縫線處以滾邊布重疊1cm，捲包時上方一片內摺0.7cm（見下圖）。

14

縫製化妝包底的裝飾圓球。將裁為圓形的布邊內摺0.5cm，沿邊以2股線進行平針縫，製作方法與Yo-Yo相同。不要剪斷縫線，一邊慢慢拉緊縫線，一邊塞入棉花，最後拉緊縫線。

12

縫製提把。拼縫滾邊布及以直布紋裁剪的兩片格子布及鋪棉，翻回正面後壓線（參考P.23）。穿過木製提把。

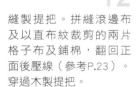

15

製作3個圓球，縫在化妝包包底。

Finish

完成化妝包。

13

將提把車縫固定在化妝包後側。

Lesson 6

Woven Pattern

提籃編織包

MATERIALS
表布　印花、格子、條紋零碼布各適量
袋口布　格子滾邊布 5×20cm×2片
側身　表側　條紋滾邊布 17×90cm
包邊用滾邊布　3.5×25cm×2片
裡布（含側身裡布）　格子布 50×110cm
鋪棉　50×110cm
拉鍊　18cm×1條
提把用蠟繩　7cm×4條
裝飾拉鍊用蠟繩　15cm×1條
木製提把　1組
木珠　1個

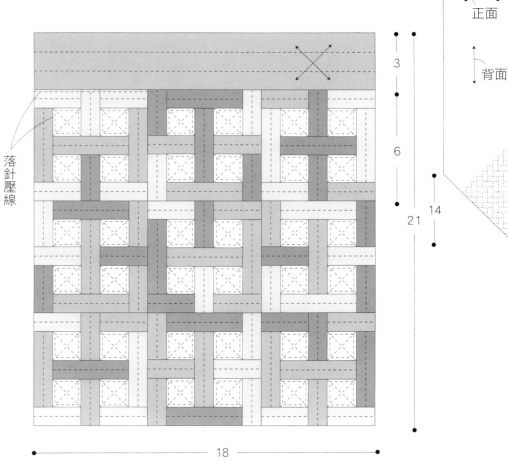

落針壓線

側身（2片）

正面

背面

14
14
68
3
6
21
14
18

CHECKPOINTS
如編織提籃般的圖案，藉由直布、橫布的交錯變化，生動地表現出編織的豐富表情。

1

圖為完成一個提籃編織圖案所需的布片。

4

拼縫中心布片。

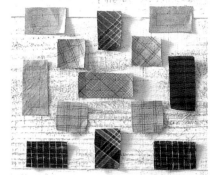

2

背面圖。外加0.7cm的縫份。於布片的接縫處作記號。

5

背面圖。縫份倒向中心側。

3

連接中心的長方形及正方形布片。嵌入布片處縫至完成記號點。縫份摺入0.1cm，倒向褶痕（參考P.85）後再倒向中心側。

6

連接左右長方形布片。

7

背面圖。縫份倒向外側。

8

四個角落嵌入長方形。從記號點外0.5cm回一針後開始運針，縫至轉角處回一針暫時停針。避開縫份，對齊另一邊後以珠針固定，再繼續縫（參考P.7）。

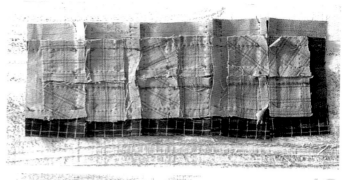

9

背面圖。這樣就完成提籃編織圖案了！

12

背面圖。嵌入的縫份倒向中心一側。

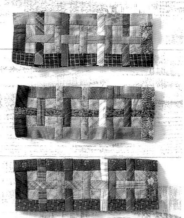

10

袋身前、後片總共製作18片此圖案，將每三片橫向連接拼縫成一個圖案。

13

準備三條分別由三片布片拼縫的圖案。拼縫時為避免三片組合布片的縫份重疊，第一排縫份倒向中心一側，第二排倒向外側，第三排再倒向中心一側，如此替換倒向。

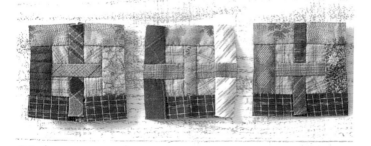

14

拼縫完成。作品圖為隨意拼組而成，與實際作品有出入，縱橫一排均由相同布片組合而成。相同圖樣但排列不同，效果也完全不一樣，請自由嘗試不同的排列組合吧！

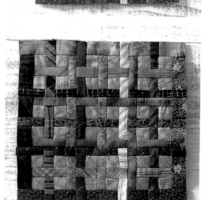

15

背面圖。

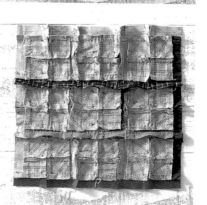

11

拼縫時將圖案縱橫交錯，就形成如同編織提籃的圖樣。

16

完成表布。上方的袋口布為滾邊式裁剪。縫份倒向上側。

Parts

包包所需的表布。上方為木製的提把及拉鍊。右側的側身布壓線後會縮小，準備材料時盡量放大長度和寬度。

17

將裡布、鋪棉、表布依序疊合後進行壓線（參考P.10、P.86）。

18

作為包包袋口的側身兩側以滾邊布包邊（參考P.22、P.23）。

19

袋口布相對接，從背面固定拉鍊（參考P.16）。

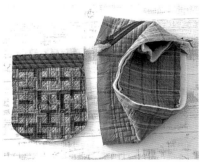

20

以回針縫完全固定拉鍊，勿將針目露出表布，拉鍊邊兩端進行藏針縫。

21

側身的拉鍊口向上，側身固定在袋身前片、後片上。上緣固定提把，因此除了上緣，其餘部分車縫。

22

提把穿過蠟繩，邊端疏縫固定。

23

前片、後片的上緣各自夾住提把、車縫側身及上緣處。

24

從上方俯視圖，可以看到提把被上緣夾住。拼縫上緣之前先拉開拉鍊，否則完成後很難翻回到正面。

25

結合上緣後，將多餘的縫份剪至0.7cm，固定捲包縫份的滾邊布。在固定處的車縫線上重疊車縫。

26

以一片裡布捲包周圍的縫份後進行包邊（參考P.23）。

27

上緣也以相同方法以滾邊布進行包邊。

28

完成包包。背面圖。

Finish

外側袋前片（左圖）。袋後片（下圖）。

從上方俯視圖。拉鍊頭以木製珠子替換。

Lesson 7

Stormy Sea

海洋風暴旅行袋

MATERIALS
表布　印花、格子、條紋零碼布各適量
側身布
┌ 格子布　6×19cm
└ 格子滾邊布　4×66cm×2片
提把布　格子滾邊布及條紋布 4×18cm，各1片
拉鍊頭用布　格子布適量
裡布（含側身內裡用布）
┌ 格子布　60×110cm
└ 千鳥格子布　17×40cm
筆插用布　格子滾邊布　8×6cm
口袋包邊用滾邊布　3.5×27cm×2片；3.5×35cm×1片；3.5×16cm×3片
底布　素色 30×50cm
鋪棉　35×70cm
厚布襯　45×50cm　薄布襯　1×63cm×2片
拉鍊　62cm×1條
蠟繩　6cm×1條
塑膠珠子　1個

落針壓線的位置

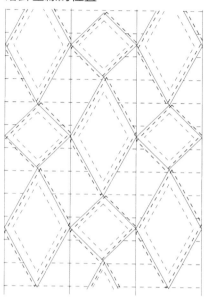

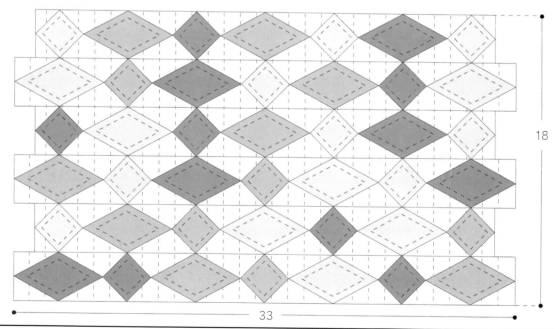

18

33

CHECKPOINTS
正方形與菱形相互並列的圖案，需準確對齊相鄰排列的邊角後拼縫。接合前片、後片及側身時需重疊布片，所以厚度會增加，
必須使用縫紉機車縫才會牢固。

1

圖為一個海洋風暴圖案
所需布片。外加0.7cm的
縫份。

2

斜向每三片布片組合為
一排。每排傾斜弧度並
非呈一條直線，因此如
拼縫布片的相同方法，
從記號點縫至記號點。
縫份摺入0.1cm，倒向褶
痕（參考P.85）後倒向外
側。

3

一排一排拼縫時，要避
開邊角縫份，從記號點
縫至記號點。

4

背面圖（右圖）。縫份
相互交錯倒向，以避免
同向重疊。四個角呈風
車狀倒向。

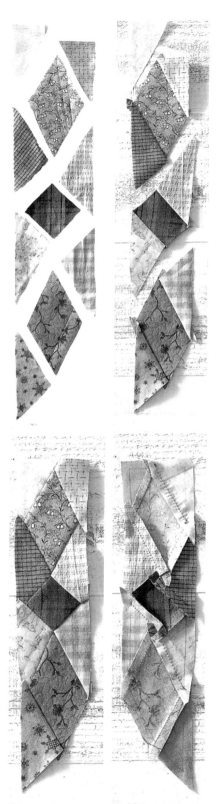

5

完成每排縱向組合後，
再將每排連接起來

6

縱向拼縫圖。

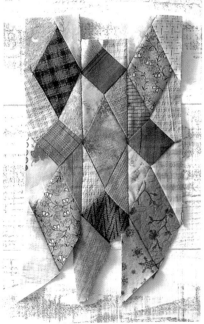

7

背面圖。如同一般的拼縫法，從記號點外0.5cm回一針後開始，連同縫份一併拼縫。每排縫份均倒向相同方向。

8

以步驟1至步驟7的方法拼縫表布。

9

背面圖。

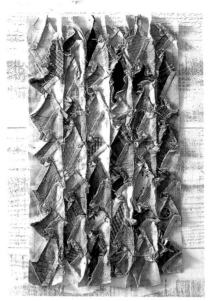

Parts

化妝包上所需的表布及拉鍊。上方及右側為側身布。

10

將底布、鋪棉、表布依序疊合後進行壓線（參考P.10、P.86）。

11

縫製連接拉鍊的側身布。鋪棉上放置正面相對疊合的表布及拉鍊，其上將裡布正面向下放置。裡布先貼上布襯。

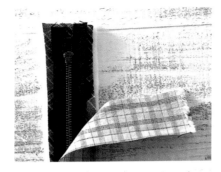

12

車縫於拉鍊右側鍊齒的邊緣處。

13

修剪車縫線邊緣處的鋪棉。

14

將表布、裡布一併翻回正面後疏縫固定。

15

作法相同，另一側也夾住拉鍊車縫，翻回正面後疏縫固定。

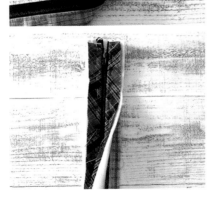

16

距車縫線邊緣0.5cm處車縫雙線。

17

夾住側身布環狀車縫。在裡布的完成寬度上貼布襯，如步驟11，將鋪棉、表布、側身布、裡布依序疊合後車縫。修剪縫線外側邊緣的鋪棉。翻回正面，拼縫時注意勿扭扯到另一邊側身。

18

側身拼縫為環狀圖。將連接側身的布壓線。

19

縫製提把。鋪棉上放置正面相對疊合的提把布，留下返口其餘部分車縫。修剪縫線邊緣的鋪棉縫份，翻回正面車縫雙線。

20

提把車雙線固定。

21

表布及側身正面相對疊合，疏縫固定後再車縫。

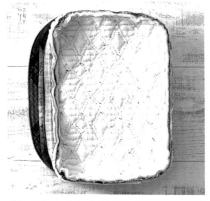

22

將縫份貼縫在底布上。

23

準備裡布及口袋布。裡布1片，口袋布對摺後再裁剪。

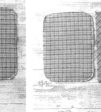

24

背面除縫份處外其餘部分貼上厚布襯。口袋布上只貼半側即可。

25

縫製筆插布。僅在單側完成寬度上貼厚布襯，對摺後車縫兩側完成線。摺疊縫份，翻回正面整理形狀，周圍一圈車縫壓線。

26

口袋袋口以滾邊布包邊（參考P.23），重疊於裡布之上，內摺至完成線處。內摺的摺份於內側疏縫固定。中間側身中心處，以藏針縫縫上筆插布。

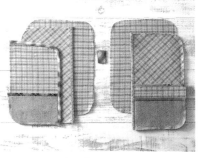

27

化妝包的中間夾住裡布，附帶側身的車縫線邊緣處用細小針目，以藏針縫牢牢固定。

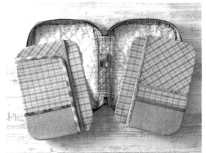

Finish

完成旅行袋。此處為袋身前片。拉鍊頭以穿過蠟繩的木珠裝飾。

後片圖。

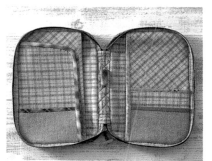

Lesson 8

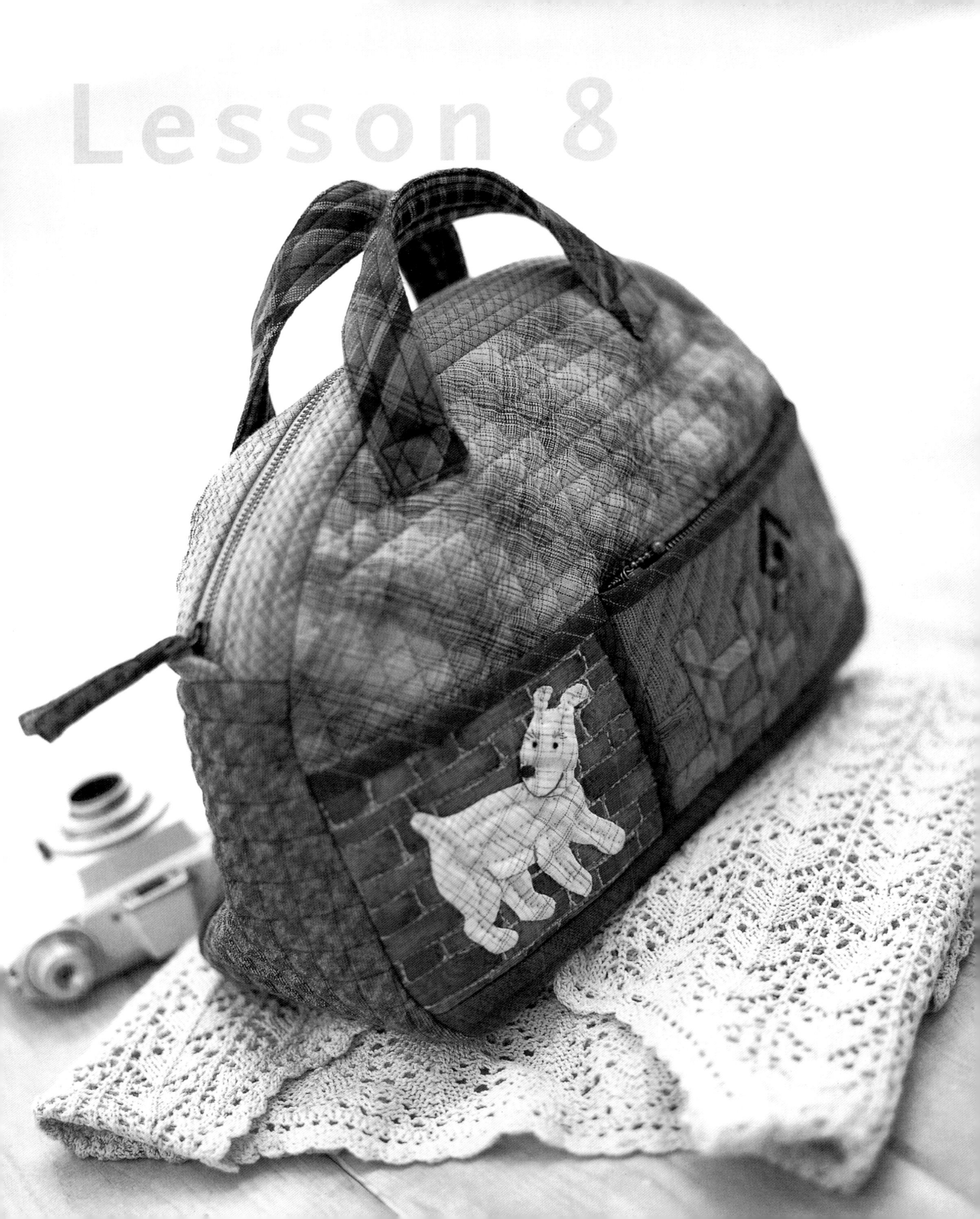

Dog Applique

愛犬波士頓包

MATERIALS

表布
- 前片　格子滾邊布23×37cm（深藍色系），5×37cm（咖啡色系）
- 後片　格子滾邊布14×37cm（深藍色系），16×37cm（咖啡色系）

側身布　印花滾邊布15×62cm
口布　格子滾邊布6×36cm×2片
口袋布　印花布11×14cm；素色布11×21cm
口袋滾邊布　印花滾邊布3.5×35cm
貼布　印花、格子、條紋零碼布各適量
提把布
- 格子布　5×27cm×2片
- 格子滾邊布　5×27cm×2片

拉環、拉鍊頭用布　各適量
裡布　印花布 70×110cm
鋪棉　60×110cm
拉鍊　31cm×1條；16cm×1條

拉環
原寸紙型

（4片）

裁剪
（1片）
1.5

拉鍊頭
（2片）
3
1
12

提把（4片）
正面　背面
3
23

口布（4片）
正面　背面
3
1
拉鍊
3
32
18

側幅（2片）
背面
正面
2
7
2
14.5　28　14.5

CHECKPOINTS

正方形與菱形相互並列的圖案，需準確對齊相鄰排列的邊角後拼縫。由於接合前片、後片及側身時需重疊布片，所以厚度會增加，必須使用縫紉機車縫才會牢固。

1

以貼布縫縫製柵欄。位置不必整齊劃一，隨意擺放即可，一邊斟酌平衡一邊剪下適當寬度的布條固定。布條正面向下，以珠針固定在表布上，先將一側以平針縫固定。

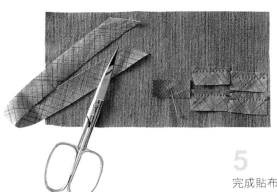

貼布縫
貼布縫可以如P.57作品之作法，內摺後藏針縫及回針縫兩種方式。這裡介紹回針縫的方法。

2

將貼布縫部分翻回正面，摺至完成寬度，以珠針固定。內摺的布邊以細小針目的立針縫，以進行貼縫。完成橫向貼布縫。

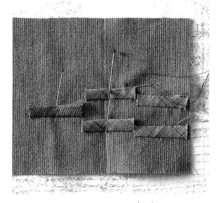

5

完成貼布縫。鳥巢使用一邊內摺至完成線一邊進行藏針縫的方法製作（參考P.57）。

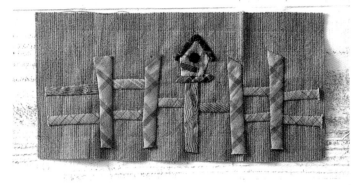

3

以相同方法縱向進行貼布縫，單側布邊先以平針縫固定。

6

前片口袋的表布。以P.57之方法進行狗狗貼布縫。

4

翻回正面，以藏針縫縫至完成寬度。

7

拼縫正中央細小布片時，為墊高細小布片，縫份倒向中心一側。

Parts

包包所需的表布。最上
方為提把，其次為袋口
布，正中央左側為袋前
片，右側為袋後片，最
下方為側身布。

8

重疊前片及後片、口
袋，側身布重疊裡布、
鋪棉、表布後壓線（參
考P.10、P.86），側身布
以縫紉機壓線以加強結
實度。袋口布夾住拉鍊
進行回針縫（參考P.47）
後壓線。

9

口袋袋口以滾邊布包邊
（參考P.23）。

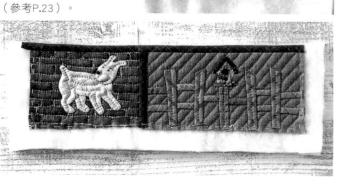

10

於口袋袋口一側安裝拉鍊。口袋布蓋住拉鍊以隱藏拉鍊鍊齒，以珠
針固定。

11

從背面以全回針縫固
定，注意針目勿露出表
布（參考P.16），將兩側
拉鍊邊藏針縫固定於裡
布。拉鍊右側邊向內
摺。

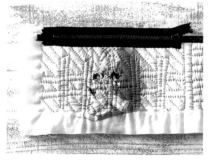

12

口袋袋口另一側固定在
包包上。口袋布向上放
置，以步驟11之方法進
行全回針縫固定，拉鍊
布邊進行藏針縫。

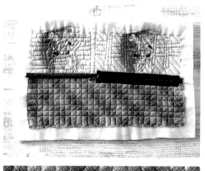

13

口袋翻回正面，於上方
表布的拉鍊與貼布口袋
封邊進行落針縫。

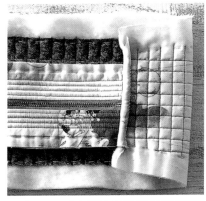

18

裡布的縫份以側身的一片裡布捲包，倒向側身藏針縫。

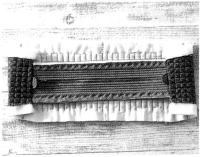

19

連接袋口布及側身，組合為環狀圖。

14

口袋安裝後，附有口袋的袋身表布及上方表布一併車縫固定。

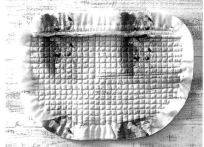

15

縫份倒向上方表布一側，以一片裡布捲包後進行藏針縫（參考P.23）。

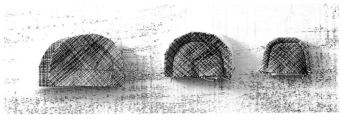

16

縫製拉環。鋪棉上放置正面相對疊合的拉環布，縫紉機車縫。修剪掉縫線邊緣的鋪棉後翻回正面，距布邊0.5cm處車縫壓線。製作兩個。

17

袋口布上固定拉環，與側身布拼縫成環狀。

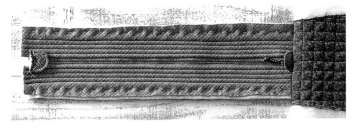

20

袋身及側身以縫紉機拼縫。圓弧上緊縮的縫份處剪牙口。

21

將滾邊布與側身一側疊合，車縫固定在側身車縫處，捲包縫份後倒向袋身一側進行藏針縫（參考P.22、P.23）。

25

拉鍊裝飾頭布條對摺，將固定拉鍊裝飾頭的滾邊布三摺熨燙。

22

完成袋身。背面圖。

26

將原配的拉鍊頭以鉗子取下，套上拉鍊布條，再捲上滾邊布，拼縫固定。使用原配的拉鍊頭欠缺特色，如同這樣活用布條或以之前介紹的珠子替換等，就創造了多種替換拉鍊頭的方法了！

Finish
完成波士頓包。前片圖。

23

回針縫鋪棉及表布，製作兩條提把（參考P.23、P.47），車縫於袋身。

24

縫製拉鍊頭裝飾布環。將兩片不同花色的布條正面相對疊合，留下返口，其餘部分進行回針縫，布條兩端壓線。

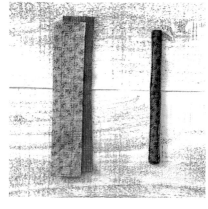

後片圖。

Acorn

橡實抱枕

MATERIALS

表布
┌ 前片　千鳥格子40×30cm，小格子40×30cm，大格子30×20cm
└ 後片、側身　素色70×60cm
貼布　印花、格子、條紋零碼布各適量
底布　素色 32×44cm
鋪棉　32×44cm
拉鍊　37cm×1條
枕心　25×40cm×1個

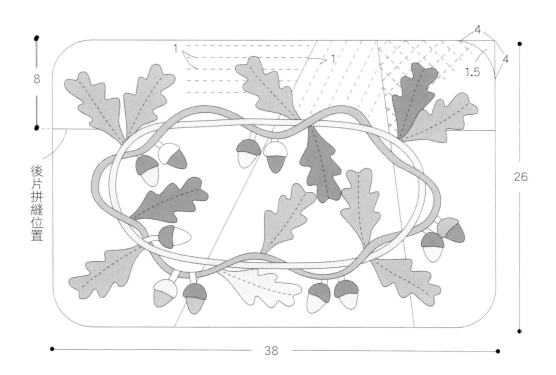

後片拼縫位置

側身（2片）

CHECKPOINTS
為表現出根莖自然交錯纏繞的效果，先將第一根莖疏縫固定後，再將第二條莖一邊纏繞一邊，以貼布縫固定。為了讓抱枕整體呈現厚實感，可加上側身，即組合完成。

1

在抱枕的表面進行貼布
縫。由三片大布塊拼縫
作為基底的表布，縫份
單側倒向外側。

貼布縫方法

2

在表布上描畫圖案。削
尖2B鉛筆，在透明桌子
等下方打光，描畫圖案
於布面上。

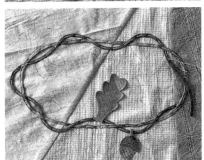

3

將兩種摺至0.5cm寬度完
成線的滾邊布，相互交
錯，疏縫固定。葉片及
果實的正面描畫記號，
留0.3cm縫份後裁剪。深
色布料時使用白色等記
號筆。

4

貼布縫。葉片放置在貼
縫處，以珠針固定。從
背面出針，針尖將縫份
一邊挑摺至完成線一邊
使用立針縫貼布。

Parts

以相同方法從墊底部分開始進行藏針縫。表布完成貼布縫。

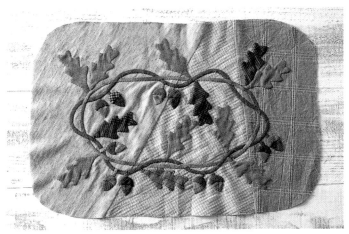

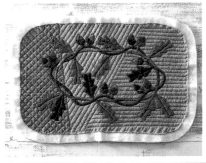

5

將底布、鋪棉、表布依
序疊合後壓線（參考
P.10、P.86）。

6

縫製後片及側身。後片
上車縫拉鍊（參考
P.16）。拉鍊的兩側邊進
行藏針縫，注意針目勿
露出表布。將側身兩端
車縫為環狀，燙開縫
份。

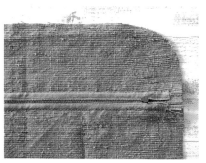

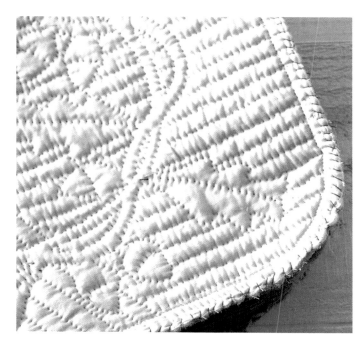

7

環狀側身放置於前片，
疏縫後車縫。

8

後片的製作方法也相同，與側身疊合後車縫固定。縫份進行捲針縫
以防止毛邊。

Lesson 10

House

房形小物收納盒

MATERIALS

表布
- 側面及屋頂　印花、格子、條紋零碼布各適量
- 盒底　格子布　12×17cm

包邊用滾邊布　3.5×60cm

屋頂的滾邊布　4×12cm

裡布（含屋頂底部用布）　印花布　30×50cm

底布　素色　40×110cm

鋪棉　40×110cm

蠟繩　7cm×1條

皮革鈕釦　直徑1.3cm×1個

化纖棉

粗毛線

厚0.3cm硬紙板　30×40cm

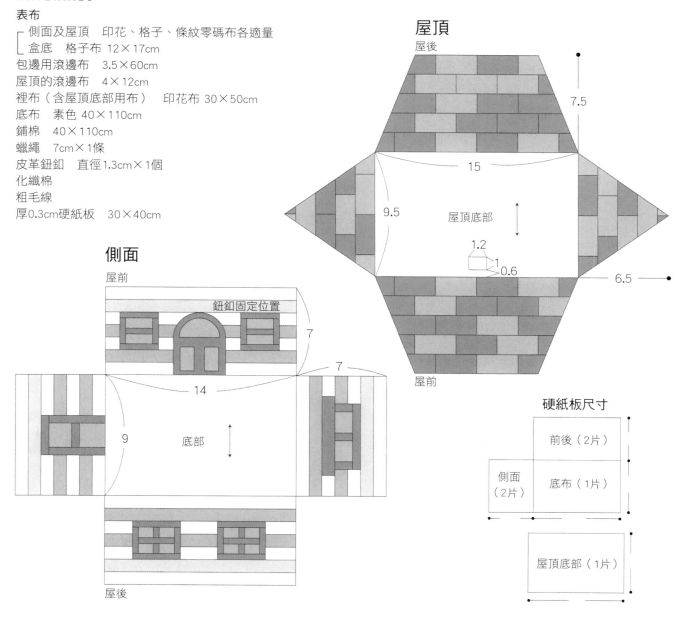

屋頂

屋後

7.5

15

9.5

屋頂底部

1.2

1

0.6

6.5

屋前

側面

屋前

鈕釦固定位置

7

7

14

9

底部

屋後

硬紙板尺寸

前後（2片）

側面
（2片）

底布（1片）

屋頂底部（1片）

CHECKPOINTS

為完美呈現作品的立體感，建議塞入硬紙板。接合立體形狀時，只要使用皮革彎針，即可牢固拼縫。

1

小屋窗戶所需布片。外加0.7cm的縫份。先拼縫中心的三片布片。

2

完成中心拼縫圖。縫份摺入0.1cm倒向褶痕（參考P.85）後再倒向中心一側。

3

組合左右側的布片，縫份倒向外側。

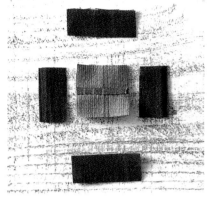

4

連接上下側布片，完成窗戶圖案，縫份倒向外側。也以相同方法縫製另外五扇窗戶及一扇門。

5

小屋前片所需的圖案。牆壁部分使用條狀的布片拼縫製作。右下角的門以貼布縫將窗戶縫於圖案區塊上（參考P.57）。

6

窗戶兩側拼縫橫條狀布片，形成一排。

7

結合上下方細長形布片。縫份倒向外側。

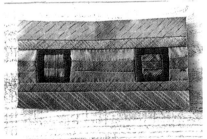

8

以貼布縫縫上中央的門（參考P.57）。完成小屋前片。

9

小屋箱體所需的表布。以相同方法拼縫剩餘的三面牆壁。屋底布為一片布。

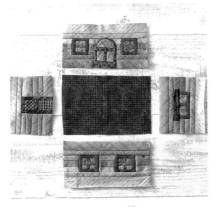

底布、鋪棉、表布依序疊合後壓線（參考P.10、P.86）。

10

拼縫屋底及牆壁。四條邊均從記號點縫至記號點。

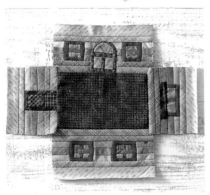

表布及裡布正面相對疊合，布角開始車縫至上方布邊。將多餘的縫份修剪至0.5cm。

11

背面圖。

Parts

左側為小屋箱體的表布，右側為裡布。裡布為人物圖案印花布，豎起牆壁拼縫時，注意勿將圖案方向顛倒，若是使用沒有方向性的布料，任意一塊布均可使用。

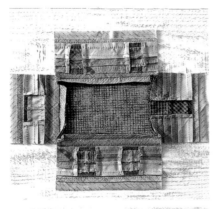

13

表布背面已壓線的牆壁部分穿過毛線進行白玉拼布。使用毛線針，把2股極粗毛線穿入底布及鋪棉之間過線。線留1cm左右，其餘剪斷。

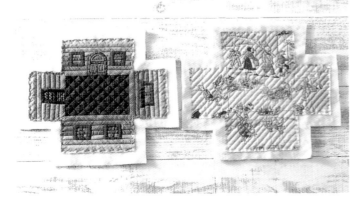
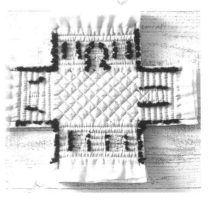

完成白玉拼布圖。窗戶及門的部分沒有進行白玉拼布。

翻回正面，屋底及牆壁相連接的三條邊上，以全回針的方式進行落針縫。從其中一條沒有落針縫的邊到屋底的空隙，將硬紙板塞入表布及裡布之間。布之間不易滑動，可使用塑膠袋包住硬紙板放入其中，以便順利滑動。

18

將縫份向中間內摺，表布與裡布拼縫處以細小針目進行藏針縫。

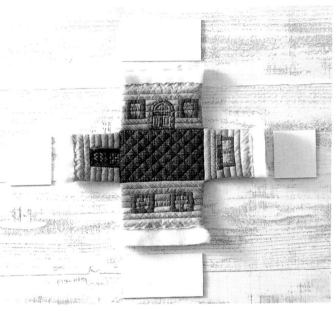

屋底放入硬紙板後，將未封住的牆壁及屋底的連接線全回針縫後封緊。以步驟15之方法，四塊牆壁塞入硬紙板。

豎起牆壁，對齊邊角進行藏針縫。使用2股線，拉緊每一針線進行藏針縫。

20

以相同方法拼縫四個角，完成箱體。

17

硬紙板全部塞入。將多餘的縫份修剪至0.7cm。

縫製橫向屋頂。圖為瓦片圖案所需布片。外加0.7cm的縫份。

25

以步驟22之方法，分別拼縫五排相互連接的橫向布條。縫份均向右側倒。

組合完成每排相互拼縫的前後屋頂，再縫製另一片形狀相同的屋頂。縫份均向上倒。

分別拼縫五排相互連接的橫向布條。縫份均向右側倒。

23

拼縫完成每排相互組合的橫向屋頂，再縫製另一片相同形狀的屋頂，縫份均向上倒。

連接小面積布片時，可使用拼布專用噴膠代替疏縫。噴膠可反複黏貼，非常方便。

27

為防止噴膠黏貼到周圍物品，布底要墊紙。布料背面向上，距離約30cm左右進行噴膠。

28

再將鋪棉黏貼在其上。

24

縫製前後屋頂。外加0.7cm的縫份。

29

以相同方法，表布背面
向上進行噴膠。

30

鋪棉上層貼上表布。

Parts

表布周圍疏縫一圈後壓
線（參考P.10，86）。

31

四片屋頂正面相對疊合
留下上方，其餘部分車
縫。縫份倒向前後側，
貼縫在上。

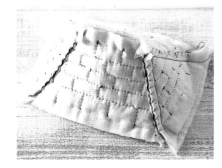

32

翻回正面。

33

屋底布及屋頂背面相對
疊合，留下可塞入硬紙
板的一邊，其餘車縫。
硬紙板以步驟15之方法
放入後車縫，封住塞入
口。

34

四周以滾邊布包邊。放
上滾邊布，重疊於縫線
之上後車縫。滾邊布邊
端疊1cm，翻回正面時上
方一邊內摺0.7cm

35

將多餘的縫份修剪至
0.7cm，滾邊布捲包，以
藏針縫縫於底側（參考
P.23）。

36

從上方開口塞入棉花。
塞入時為使邊角部分全
部塞緊棉花，可以螺絲
起子輔助。

37

塞入口以回針縫固定，將多餘的縫份修剪至0.7cm。其上放滾邊布進行拼縫。

38

縫份以滾邊布捲包，縫線邊緣進行藏針縫（參考P.23）。完成屋頂。

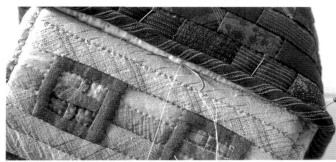

39

屋頂及箱體僅後方一側拼縫固定。以珠針從屋頂上穿過箱體固定，上下交錯挑針藏針縫。像這樣以直線貼縫堅硬之處時，使用皮革彎針，易於操作。

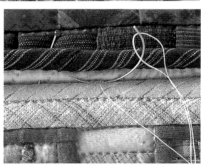

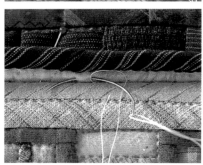

40

箱體前方固定鈕釦。

41

屋頂底部固定套住鈕釦的釦環。將蠟繩彎成環狀，固定在背面，其上蓋布片貼縫。

Finish

完成小物收納盒。前側圖。

後側圖。

Rolling Stones

滾石壁飾

MATERIALS

表布
┌ 印花、格子、條紋零碼布各適量
│ 邊框布條、邊條用印花布　40×110cm
│ 圖案周邊、交叉狀貼布片、滾邊布
└ 條紋布　50×110cm
裡布　75×75cm
鋪棉　75×75cm

1.加上邊框布條,縫製3條

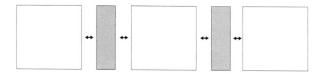

2.夾縫邊框布條

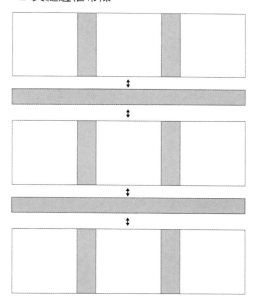

3.接縫左右邊條

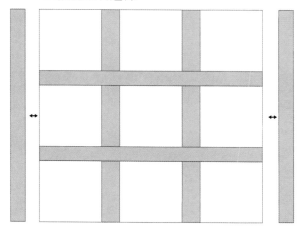

4.接縫上下邊條

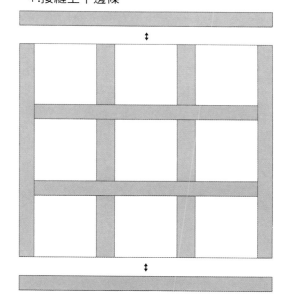

CHECKPOINTS
請注意作品的邊框布條部分。為了使縱橫邊框布條相會時呈現交叉形狀,圖案周圍連接了黑色布條。邊條也利用邊框布條的形式,將不是直線而是鋸齒形的布邊包邊以完成作品。

1

一個滾石圖案所需的布片。外加0.7cm的縫份。

2

拼縫三角形及四角形的布片。縫份摺入0.1cm，倒向褶痕後倒向內側。接著拼縫三角形布片，縫份倒向內側。

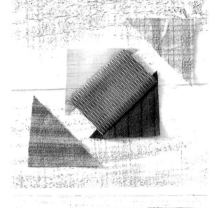

3

以相同方法拼縫其餘三塊布片，長方形布片相互拼縫，縫份倒向深色一側，組合成為四角形布片。

4

分別拼縫橫向布片，組合為三排。縫份按照第一排倒向內側，第二排倒向外側的規律相互交錯倒向。

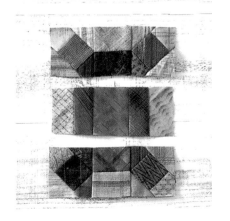

5

連接三排組合為一個圖案，縫份倒向中心一側。再於圖案四周與拼縫細長布片。

6

先橫向拼縫細長布片，再拼縫上下布片。縫份倒向外側。

7

背面圖。

8

將拼縫的九塊圖案區塊以邊框布條連接，邊框布條的四個邊角用長方形布片交叉後貼縫。交叉布片與表布正面相對拼縫於完成線一側。

9

將交叉布片翻回正面內摺，以立針縫進行貼布縫固定。

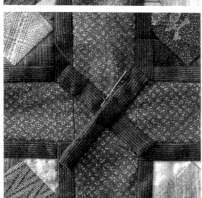

10

完成表布。

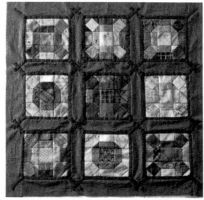

11

背面圖。

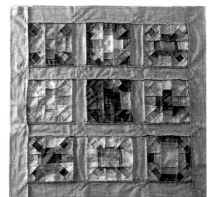

12

完成表布後，先疏縫（參考P.86）再壓線。這裡介紹繃在壓線框上壓線的方法。擰鬆壓線框螺絲，將拼布作品先拉緊繃直後以手掌壓住壓線框邊，布片調至有點鬆弛感後再擰緊螺絲固定。壓線框支撐在腹部與桌邊之間，進行壓線。壓線方法請參考P.10及P.86。

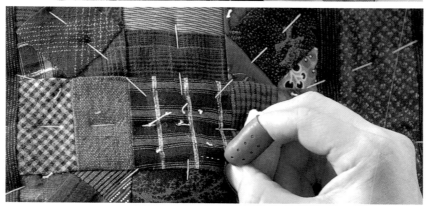

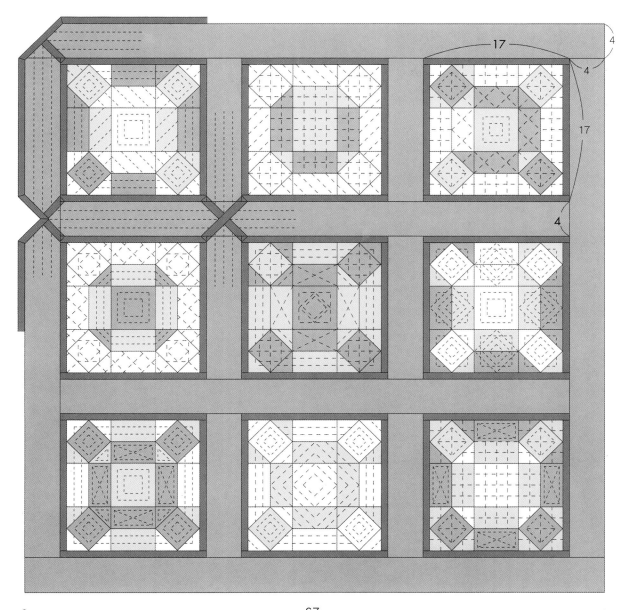

17

4

4

17

4

67

67

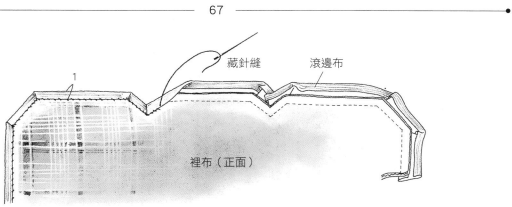

藏針縫

滾邊布

1

裡布（正面）

Basket

提籃壁飾

MATERIALS

表布
┌ 印花、格子、條紋零碼布各適量
│ 邊條用格子布　120×110cm
└ 細邊條用布（圖案及外側邊條之間的用布）　5×120cm×2種；10×110cm×1種
裡布　135×125cm
包邊用滾邊布　3.5×510cm
鋪棉　135×125cm

圖案1的原寸紙型

CHECKPOINTS
各式各樣隨意組合的提籃作品。就以隨興的心情來創作出不拘一格的形狀且簡單樸素作品吧！

1

大量製作以貼布縫完成
各種形狀提籃的布片，
並拼縫組合成壁飾。

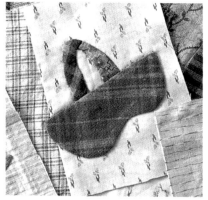

2

基底的布片、貼布縫的
提籃、提把都可任意裁
剪大小及形狀，再以貼
布縫組合。貼布縫方法
請參考P.57。

3

以貼布縫完成花籃的布
片作為中心，四周拼縫
提籃布片，連接四周的
邊條後，再在花籃的四
周及邊條與提籃之間加
上邊框布條，進行貼布
縫。

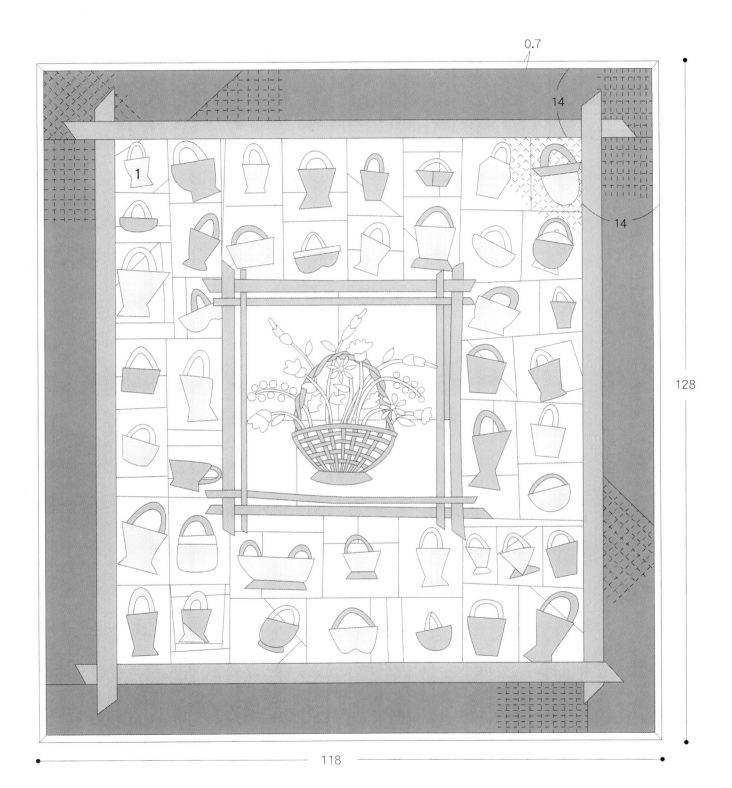

0.7

14

14

128

118

1.拼縫中心部分，
　再進行貼布縫。

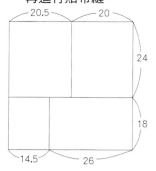

2.組合提籃圖案。

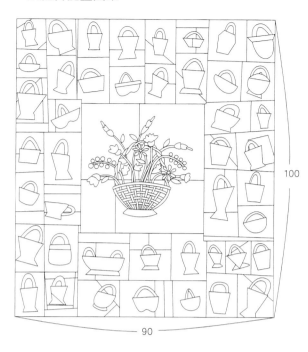

3.連接邊條。

4.以邊框布條裝飾。

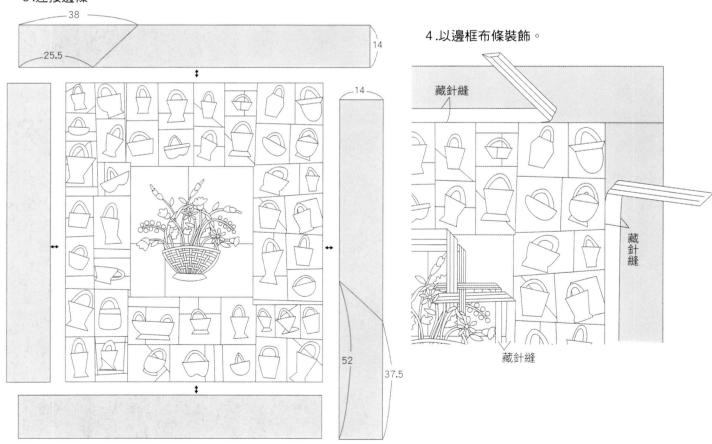

Lesson 13

Pine Burr

松針床罩

MATERIALS

表布
┌ 印花、格子、條紋零碼布各適量
│ 邊條用　110×240cm
└ 邊框布條用　110×350cm
包邊用滾邊布　3.5×850cm
裡布　印花布　200×240cm
鋪棉　200×240cm

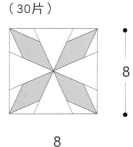

（30片）

8

8

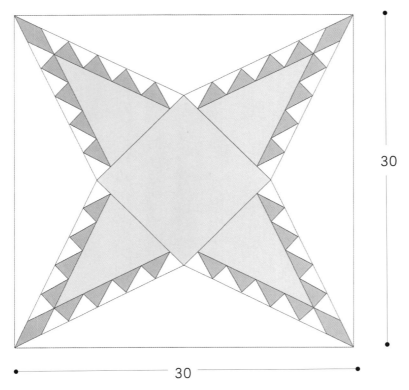

（20片）

30

30

（49片）

30

2　4　2

CHECKPOINTS

圖案周圍需拼縫上大量的小三角形布片，因此在布料上畫記號時，要保持鉛筆筆尖要尖銳，以避免與實際圖案產生誤差。大件拼布作品進行壓線時，若是使用壓線台而非壓線框，可以使作品平整地完美呈現。

1

一個松針圖案所需的布片。外加0.7cm的縫份。

2

三角布片相互拼縫時，縫份倒向深色一側。接著拼縫各排布片。

3

與中心的三角形布片拼縫，縫份倒向三角布片一側。完成松針圖案。

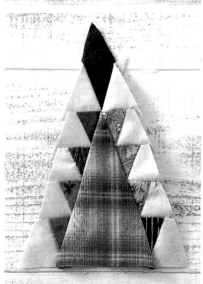

4

組合四片松針圖案及一片正方形布片。

5

拼縫完成圖。

6

背面圖。縫份倒向中心一側。

7

松針周圍組合的布片不同，整體感覺也有所變化。

8

圖案之間以鑽石形狀布
片連接,能帶來延續性
的效果。

9

如圖所示,使用鏡子可
以看到整體效果。

10

在圖案四周接縫三角形
布片,形成一個完整圖
案,再於圖案之間夾縫
邊框布條。

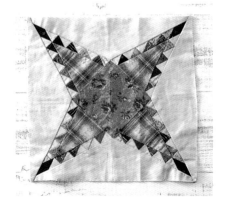

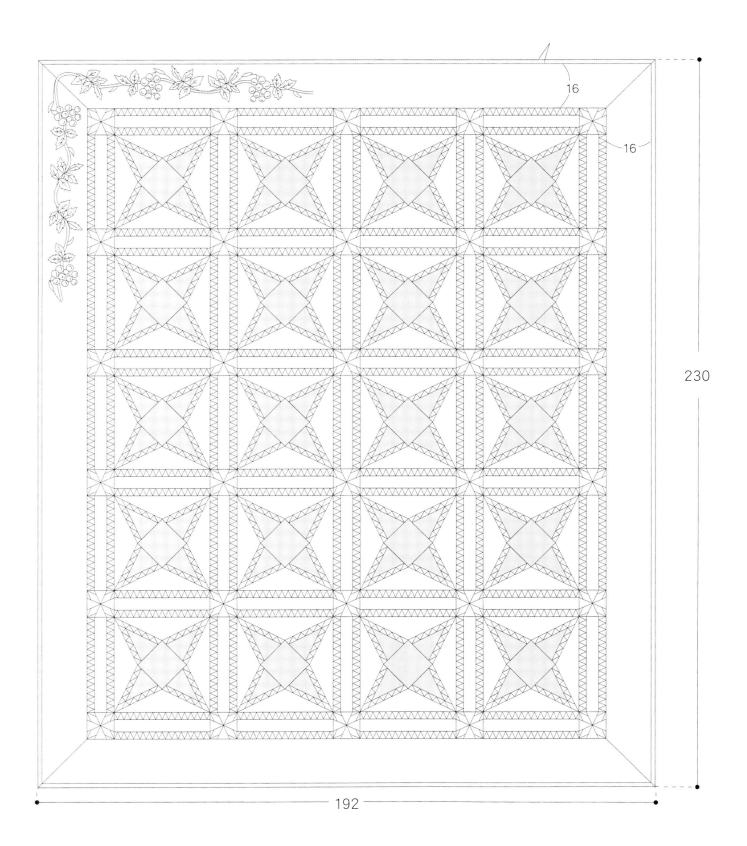

16

16

230

192

1.拼縫。

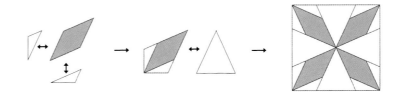

2.組合圖案區塊。

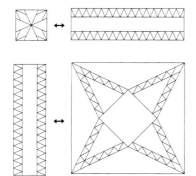

3.連接橫排布片。

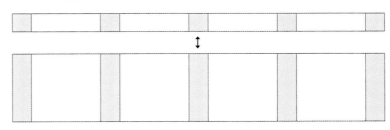

4.連接邊條。

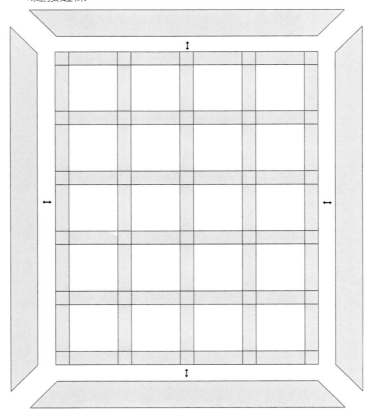

常備便利工具

這裡介紹的便利工具並非拼布作業絕對必備，但是如果備有，則利於作業順利進行。

1

拼布多用墊　內側為砂紙，布料上描畫記號時，布料不易滑動，利於準確描畫記號。貼有布料的表面一側為熨燙板。

2

拼布專用噴膠 可代替疏縫、暫時假固定的噴膠。可重複黏貼，方便使用。

3

切線戒指 戴在手指上的切線器。拼縫中使用，不必換手拿剪刀，利於作業順利進行。

4

拼布用穿線器 可輕鬆過線的穿線器。

5

切線器 與切線戒指用途相同，但此為掛墜式切線器。

6

拉鍊用裝飾小物 安裝在拉鍊頭上的裝飾物。如圖所示，利用這樣的成品及替換品，即可變化出獨特的裝飾小物。

7

拉鍊壓腳 拼布雖為手工作業，若使用縫紉機縫製，可使包包等袋物更加牢固。縫製拉鍊等邊端處時需使用此壓腳。

8

迴轉式針盒 壓線時，預先準備幾根已穿線的針以便使用。這種以迴轉式捲取針線的收納方式，避免線間打結，非常方便。

9

拼布用尺及尺用輔助提把拼布用尺能輕鬆劃出縫線及壓線條等平行線，建議使用。尺上的輔助提把為黏著式，一點接觸即可黏上取下，方便黏貼在任何尺上使用。附帶提把利於出力，裁剪布料時可防止布料滑動，十分方便。

10

裁墊 使用相同紙型裁剪大量布料時相當方便。與厚紙板不同，裁墊邊角無法修剪成圓形。

拼布前預備
基礎技巧

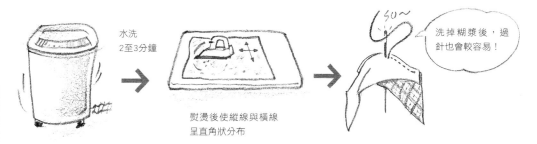

本單元將介紹開始拼縫前必須了解的基礎常識。

1
布 料

以水洗布料來整理布紋

根據布料的不同,織線粗細、紡織鬆緊度會影響到洗滌時的收縮度。因此,準備布料時,需先以水洗與熨燙來整理布紋,可去除附著的糊漿,又能讓布料易於過針。

水洗
2至3分鐘

熨燙後使縱線與橫線
呈直角狀分布

洗掉糊漿後,過
針也會較容易!

布紋

布紋不分縱向、橫向,任意放在紙型上裁剪。格子或條紋只要錯開布紋排列,效果也大不相同。

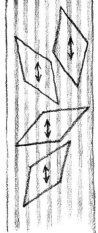

2
紙 型 製 作

描畫原寸紙型時

1 原寸紙型下放置厚紙,以錐子等前端尖銳的器具,在必要點處打孔。
2 以線連接厚紙上的孔眼。
3 以裁紙剪刀準確地裁剪。
4 有弧度的紙型等先影印後,以接著劑貼在厚紙上,再以剪刀或美工刀裁剪。

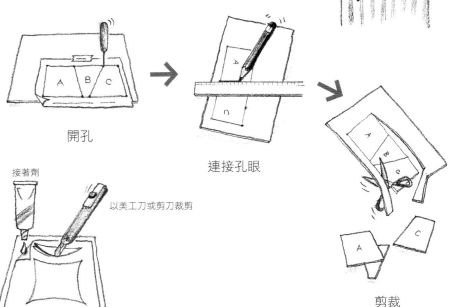

開孔

連接孔眼

接著劑

以美工刀或剪刀裁剪

影印圖案的紙張

剪裁

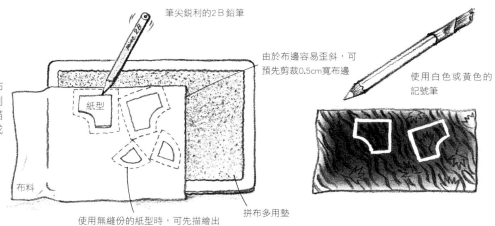

●深色布料時

使用白色或黃色的
記號筆

3
紙型的描繪方法

將布料的背面朝上放置於拼布
多用墊上,並重疊紙型,以削
尖的2B鉛筆沿著紙型邊緣描
繪。深色布料時則使用白色或
黃色的記號筆。

筆尖銳利的2B鉛筆

由於布邊容易歪斜,可
預先剪裁0.5cm寬布邊

紙型

布料

使用無縫份的紙型時,可先描繪出
預估縫份(0.7cm)

拼布多用墊

●鉛筆的角度

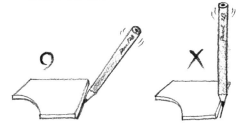

●運筆方向

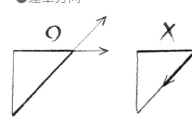

4
線和針

建議準備拼縫用線及壓線用
線。拼縫用線為J.P.Coats的
Bluelabel、Molnlycke等;
壓線建議用FUJIX。此外,
Molnlycke為兩用線,兼有兩
種功能,使用便利。米色系線
可任意搭配,非常好用。
針建議準備縫針、壓線針、疏
縫針,以便操作。

將不規則縫份修剪整齊

手指順著壓捻

0.1

5
倒向褶痕

拼縫的縫份倒向單側,此時
摺倒向褶痕。在縫份向內的
0.1cm處以手指順著壓捻,摺
出褶痕

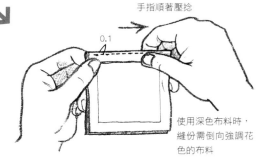

使用深色布料時,
縫份需倒向強調花
色的布料

6

疏　縫

將已拼縫完成的表布及鋪棉、裡布整理合併為一塊稱之為疏縫。在墊板或熨燙板的內側以圖釘固定裡布，並於上方依次固定鋪棉、表布後進行疏縫。

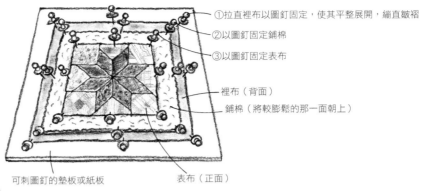

①拉直裡布以圖釘固定，使其平整展開，繃直皺褶
②以圖釘固定鋪棉
③以圖釘固定表布

裡布（背面）
鋪棉（將較膨鬆的那一面朝上）

可刺圖釘的墊板或紙板
表布（正面）

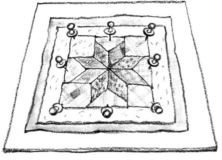

7

壓　線

壓線時需從表布的中心開始向外側運針。大件作品以壓線框鑲入固定，無法以壓線框固定的小件作品可使用文鎮。線選用一股壓線用線。雙手如圖所示戴上頂針。左手將布往上頂出，針垂直頂到頂針後向前繼續運針。針目盡量細小，最好在1cm內布有3個針目。

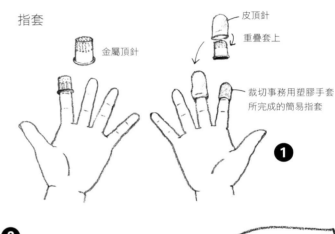

指套

金屬頂針

皮頂針
重疊套上

裁切事務用塑膠手套所完成的簡易指套

❶

❷
與頂針呈直角狀觸碰後入針

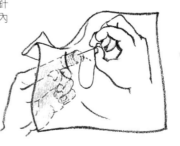

將針平行倒向頂針，挑3、4針後拔出

❸

②與頂針呈直角狀觸碰後入針

壓線用針
壓線用線（1股）

③將針平行倒向頂針，挑3、4針後拔出
重複步驟①、②、③

①左手的頂針（食指或中指）從背面將布頂出

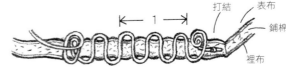

打結　表布
1
鋪棉
裡布

●穿線方法線長

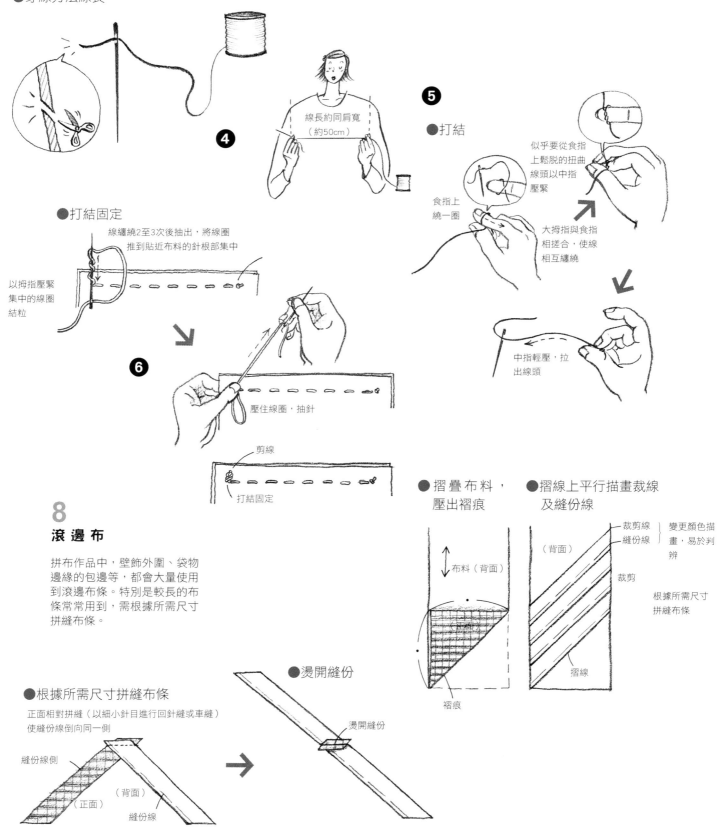

④

線長約同肩寬
（約50cm）

⑤
●打結

似乎要從食指
上鬆脫的扭曲
線頭以中指
壓緊

食指上
繞一圈

大拇指與食指
相搓合，使線
相互纏繞

中指輕壓，拉
出線頭

●打結固定

線纏繞2至3次後抽出，將線圈
推到貼近布料的針根部集中

以拇指壓緊
集中的線圈
結粒

⑥

壓住線圈，抽針

剪線

打結固定

8
滾邊布

拼布作品中，壁飾外圍、袋物
邊緣的包邊等，都會大量使用
到滾邊布條。特別是較長的布
條常常用到，需根據所需尺寸
拼縫布條。

●摺疊布料，
壓出褶痕

布料（背面）

（正面）

褶痕

●摺線上平行描畫裁線
及縫份線

（背面）

裁剪線
縫份線

變更顏色描
畫，易於判
辨

裁剪

根據所需尺寸
拼縫布條

摺線

●根據所需尺寸拼縫布條

正面相對拼縫（以細小針目進行回針縫或車縫）
使縫份線倒向同一側

縫份線側

（正面）

（背面）

縫份線

●燙開縫份

燙開縫份

拼布美學
PATCHWORK
03

齊藤謠子の不藏私拼布課 Lesson 2
13堂進階技巧圖解教學一次公開

作　　者／齊藤謠子
譯　　者／張　粵
作法審訂／劉亦茜
發 行 人／詹慶和
總 編 輯／蔡麗玲
編　　輯／林昱彤‧蔡竺玲‧吳怡萱‧陳瑾欣
封面設計／KC's Friends
出 版 者／雅書堂文化
發 行 者／雅書堂文化事業有限公司
郵政劃撥帳號／18225950
戶　　名／雅書堂文化事業有限公司
地　　址／新北市板橋區板新路206號3樓
電　　話／（02）8952-4078
傳　　真／（02）8952-4084
網　　址／www.elegantbooks.com.tw
電子郵件／elegant.books@msa.hinet.net
2011年4月初版一刷　定價 450 元

SAITOYOKO NO BAG MO MANABERU PATCHWORK-KYOSHITSU
Copyright © Yoko Saito 1998
All rights reserved.
Original Japanese edition published in Japan by EDUCATIONAL FOUNDATION
BUNKA GAKUEN BUNKA PUBLISHING BUREAU
Chinese (in complex character) translation rights arranged with EDUCATIONAL
FOUNDATION BUNKA GAKUEN BUNKA PUBLISHING BUREAU
through KEIO CULTURAL ENTERPRISE CO., LTD.

總經銷／朝日文化事業有限公司
進退貨地址／新北市中和區橋安街15巷1號7樓
電話／（02）2249-7714　傳真／（02）2249-8715

星馬地區總代理：諾文文化事業私人有限公司
新加坡／Novum Organum Publishing House (Pte) Ltd.
20 Old Toh Tuck Road, Singapore 597655.
TEL：65-6462-6141　　FAX：65-6469-4043
馬來西亞／Novum Organum Publishing House (M) Sdn. Bhd.
No. 8, Jalan 7/118B, Desa Tun Razak, 56000 Kuala Lumpur, Malaysia
TEL：603-9179-6333　　FAX：603-9179-6060

國家圖書館出版品預行編目資料

齊藤謠子の不藏私拼布入門課. Lesson 2 / 齊藤謠子著；張粵譯.
-- 初版. -- 新北市板橋區：雅書堂文化，2010.04
　　面；　公分. -- (Patchwork‧拼布美學；3)
ISBN 978-986-6277-82-5(平裝)

1. 拼布藝術　2. 手工藝

426.7　　　　　　　　　　　　　　　　　1000025870

齊藤謠子

擔任NHK文化中心等各地講師，作品發表於雜誌、電
視……等處，活躍於手作界中，以其獨特的拼布配色
深受讀者喜愛，也時常於歐洲舉辦作品展、講習會，
不論海內外都極具人氣。並經營「拼布派對」http://
www.quilt.co.jp/（教學和商店）。

發 行 者 /大沼淳
裝　　訂‧版面設計 / 若山嘉代子 L'espace
攝　　影／渡邊 剛
插　　圖／鹿野伸子 （しかのるーむ）
數位繪圖／河本美茶
紙型繪圖／河島京子
作品製作人員 /加藤礼子‧船本里美‧有原美惠子‧松元和子

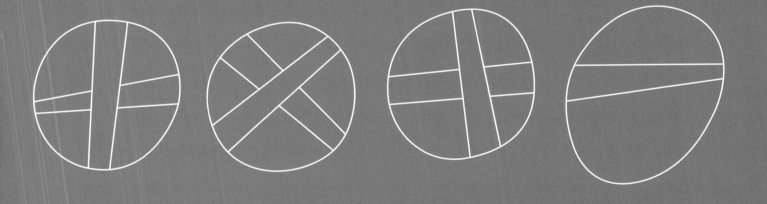